每天10分钟正念练习
压力更少、平静更多

The Little Book of Mindfulness
10 Minutes a Day to Less Stress, More Peace

[英] 帕特里奇亚·科拉德（Patrizia Collard） 著
廉慧红 译

电子工业出版社
Publishing House of Electronics Industry
北京·BEIJING

The little book of mindfulness: 10 Minutes a day to less stress, more peace by Dr.Patrizia Collard
ISBN:9781856755405
Copyright:©2014, 2024 Text by Dr.Patrizia Collard, 2024 design and layout by Octopus Publishing Group
This edition arranged with Octopus Publishing Group through Big Apple Agency, Inc., Labuan, Malaysia.
Simplified Chinese translation edition copyrights ©2024 by Publishing House of Electronics Industry Co., Ltd.
All rights reserved.

本书中文简体字版经由Octopus Publishing Group授权电子工业出版社独家出版发行。未经书面许可，不得以任何方式抄袭、复制或节录本书中的任何内容。

版权贸易合同登记号 图字：01-2024-4577

图书在版编目（CIP）数据

每天10分钟正念练习：压力更少、平静更多 /（英）帕特里奇亚·科拉德 (Patrizia Collard) 著；廉慧红译. -- 北京：电子工业出版社, 2025. 1. -- ISBN 978-7-121-49196-2
Ⅰ. B842.6-49
中国国家版本馆CIP数据核字第2024EX1086号

责任编辑：刘 琳
印　　刷：北京瑞禾彩色印刷有限公司
装　　订：北京瑞禾彩色印刷有限公司
出版发行：电子工业出版社
　　　　　北京市海淀区万寿路173信箱　邮编：100036
开　　本：787×980　1/32　印张：3　字数：48千字
版　　次：2025年1月第1版
印　　次：2025年1月第1次印刷
定　　价：64.00元

凡所购买电子工业出版社图书有缺损问题，请向购买书店调换。若书店售缺，请与本社发行部联系，联系及邮购电话：（010）88254888，88258888。
质量投诉请发邮件至zlts@phei.com.cn，盗版侵权举报请发邮件至dbqq@phei.com.cn。
本书咨询联系方式：（010）88254199，sjb@phei.com.cn。

总　　序

穿越生命的惊涛骇浪

"回首向来萧瑟处，也无风雨也无晴。"——苏轼

2015年8月31日，我濒死的记忆。

一杯咖啡、一块巧克力慕斯蛋糕，伴随着胃部剧烈的翻腾，我的呼吸竟然彻底地失控了！

我感觉自己快要死了，口头遗嘱、急诊、氧气面罩、24小时心率监控……那时的我绝对无法相信这些痛苦是为了把我带进正念冥想的殿堂。

急性焦虑症的一个典型症状就是惊恐发作。当遭遇危险时，最高级别的"风暴"就会引发铺天盖地的"海啸"。茫茫"荒野"令人手足无措，而我当时正身处其中。我在这片漫无边际的"荒野"中摸索了3年，直到遇见正念，昔日的痛苦烟消云散，我终于驯服这头失控的"野兽"。

我开始体验活在当下，感受阳光暖暖地洒在脸上；第一次"触摸"到自我的存在；渐渐地，我能清晰地看见我的各种"偏见"，我耐心地解开一道道枷锁，重获自由和力量！那种感觉，就好像站在高山之巅，一切尽收眼底，你看见了自己的限制，自己的潜能，然后，尽情释放！

2018年，我开始把正念导入职场，帮助企业精英提升自我管理和效率。2020年，我辞去奋斗了15年的人力资源工作，开设了正思维工作室，全心全意奔赴正念导师的生涯。5年来，我与无数人一起工作，亲眼见证了他们从正念冥想中的蜕变和升华，他们说："我工作中的困惑可以通过正念来解决。"（某豪华酒店总裁）"通过正念练习，我第一次感觉到了安全感！"（世界500强企业项目负责

人)"我找到了对治分神和失眠的有效方法。"(世界500强企业项目经理)"同事的抱怨少了、笑容多了,我感受到满满的正能量。"(世界500强企业项目主管)"放空、放松,我感觉脑子转得快了,能量直往身体里面钻。"(某民企董事长)"今天吃的这颗葡萄干是我这一生吃到的最美味的葡萄干。"(某科技公司部门主管)"我发现我长这么大才开始学会走路!"(某企业人力资源部经理)当我越深入做企业项目和个案辅导时,越深刻地发现:正念,是每个人的必修课!它能帮助我们在面对情绪风暴的时候,找到那个平静安定的"暴风眼",让你看破焦虑和抑郁背后的谎言。它能带给你冷静、专注和"心流"状态,让你体验激光般的聚焦所带来的效率和创造力。它能融化你内心的坚冰,还你温暖和幸福。

正念,作为一种存在之道,或者作为一种智慧的生活方式,能够在我生命的至暗时刻,帮你找到锚点,重建希望,看见光明,激发潜能。

在这个多变、动荡、复杂、模糊的时代(VUCA),如果你想重新找回掌控感、平静、力量和勇气,这套袖珍手册就是向导和方法。

愿你能触及正念,于所在之处,找到勇气、爱与自由。
致以美好的祝福!

  廉慧红 正思维企业管理顾问有限公司 首席正念导师
  仁 虚 正思维企业管理顾问有限公司 首席正念顾问

扫码添加世纪波小书童企业微信,加入正念社群,与我们一起实践正念,幸福生活。

本书译者

廉慧红

正思维创始人兼首席顾问,全球TOP3汽车公司HRD,15年组织发展及变革管理深度实践者,香港大学双专业研究生。

国际教练联盟ICF认证正念教练,美国加州健康研究院认证正念导师,国际版权认证企业正念引导师,©正念复原力©正念领导力课程设计者,美国Mind UP课程教学师资。MBTl、Wiley Disc、领越领导力国际版权课讲师。

服务客户:日立集团、东芝、全兴集团、广州万宝井、广州四季酒店复明集团、新世界(中国)、广东新丽集团、广州威来材料、比亚迪佛吉亚、联友科技、风神集团、伊藤忠商事、岭南控股(华师外校)三池公司、木桥公司、汽车城公司、科锐公司、阿里集团(Welbilt慧而特)、香港FWD富卫保险、深圳汉宜、佛山南海云路灯饰、南海盛财包装、华南理工大学、华南农业大学、运城学院、友邦保险等。

目　　录

引言 2

关注当下 13

接纳并回应 25

心智升级 37

简单地存在 49

正念饮食 61

感恩与自我关怀 73

每日正念 83

事物本身没有好坏之分，
　是思想使它们如此。
　　　　　　　　——《哈姆雷特》第2幕

引　　言

什么是正念

正念是一种意识到并专注于当下时刻的实践，它要求我们有意识地、不加评判地体验生活。因此，当我们进行正念散步时，我们真正地投入到每一个微小的细节中，观察我们遇到的所有事物——树木、汽车、从裂缝中顽强生长的花朵，或者一只猫小心翼翼地穿过街道——而不是在脑海中列待办事项清单。

通过重新联结这些生活中简单而纯粹的时刻，通过全身心地活在当下，我们有可能重新找到内心的平静和对生活的享受。至少在那一刻，我们可能再次真正地对生活感到深深的着迷和欣赏。

作为一种心理障碍疗法,正念在新闻中被广泛提及。它被英国卫生部推荐,也符合英国国家卫生和临床技术优化研究所(National Institute for Health and Clinical Excellence, NICE)制定的指南,许多人认为它是我们充满压力的生活中廉价、有效且"可行"的干预措施,作为一项技能,如果我们将其融入日常生活,它还可以防止我们精神崩溃或生病。经常开展正念练习的人可能会发现它在身体和心理健康方面能带来持久的好处,例如:

- 增加平静和放松的体验。
- 提高生活的热情和活力。
- 增强自信,提高自我接纳的能力。
- 降低经历压力、抑郁、焦虑、慢性疼痛、成瘾或免疫力低下的风险。
- 更多的自我同情,以及对他人甚至对整个地球的同情。

如何开始

大约30年前,分子生物学家乔恩·卡巴特-金,在冥想时灵光乍现,萌生了将冥想引入医院这个"世俗世界"的想法。1979年,他毅然放弃了自己的科学家身份,在马萨诸塞大学医院创立了一个减压诊所。乔恩曾深入研究过韩国禅宗和瑜伽,并且是一位坚定的冥想实践者。

他的这一创举,不仅将冥想的宁静带入了忙碌的医疗环境,也为患者和医护人员提供了一种全新的减压和自我疗愈的途径。乔恩的这一决定,展示了科学研究与精神实践之间的桥梁,为心理健康领域带来了深远的影响。在20世纪90年代初,一档40分钟的电视节目将源于冥想教导的正念概念介绍给了更广泛的观众群

体。节目播出后,许多人产生了学习"正念"这一概念的兴趣。正是在这一时期,乔恩·卡巴特-金出版了《全灾难生活》一书。书名灵感来自电影《希腊人佐巴斯》中,由安东尼·奎因扮演的亚历克西斯·佐巴斯的一句台词——"我不是一个人吗?一个人不是愚蠢的吗?我是一个人,所以我结婚了。妻子、孩子、房子,所有一切,全是灾难!"

10年后,加拿大和英国的心理治疗师开始认识到,正念干预可能也有助于减少和改善心理障碍。2002年,《正念认知疗法》首次将古老的智慧与认知疗法相结合,帮助患者预防抑郁发作。

如今,正念认知疗法(Mindfulness-Based Cognitive Therapy, MBCT)和正念减压(Mindfulness-Based Stress Reduction, MBSR)已被广泛应用于治疗多种疾病,包括焦虑症、与压力相关的疾病、倦怠综合征、心理创伤、慢性疼痛、某些癌症、牛皮癣、饮食障碍、成瘾症和强迫症。这些疗法不仅在心理健康领域取得了显著成效,也为患者提供了一种全新的自我疗愈和自我成长的方式。

在午餐时间学习

在2008年,我撰写了一篇学术论文,这篇论文基于我向大学教职员工传授正念的经验。参与者包括学者、技术人员和行政管理人员。

我每周在午餐时间开设一小时的"意识练习"课程,该课程旨在教会参与者一些新技能,帮助他们更好地实现生活与工作的平衡。我引导他们定期与自己的五种感官建立联系,并且以一种不加评判的态度专注于当前的感官体验。

我选择的练习既不复杂难教,也不难学;但我强调,参与者应该持续、定期地进行这些练习,以便能够实现真正的蜕变。通过这种持续的实践,我发现正念不仅能够提升个人的生活质量,还能提升工作场所的整体福祉和效率。

这些简短的每周一次的课程给参与者带来了宝贵的变化,改善了他们的身心健康。我们的座右铭是:我们都是不同的和特别的,所以我们不试图变得和别人一样,而是要更深入地与我们真实的自我连接起来。

坚持学习、练习的参与者,他们的压力水平降低了(尽管圣诞节即将来临),他们的语言和对彼此的支持变得更加富有同理心。整体上看,他们感到更加快乐,并且有了一种"生活是一次冒险"的新感悟。

正念是一种新的存在方式,一种新的生活体验方式,能够让一个人的工作和生活更加平衡。

重新联结生活

在教授正念的过程中,我们强调这项技能实际上可能不会"治愈"所有疾病,但它能够改变我们对不适的看法,让我们从"存在""挣扎"的状态,重新回到"生活冒险",开辟新的可能性。通过练习正念,你学会的是与疼痛共存,而不是持续不断地只关注疼痛本身。肩膀上的疼痛,仅仅是肩膀上的一个感觉,甚至当你专注于呼吸或聆听周围的声音时,这种疼痛可能会退到意识的背景中,变得不那么明显。

我们开始认识到,正念练习不仅能帮助我们预防疾病和不快乐,还能把孩童般的好奇心带回我们的意识。我们可能会重新体验到自然生活中那些奇妙的瞬间:一片树叶的轮廓、天空中飘过的云朵、草莓的甜美味道、与朋友以及那些深深关心我们的人共度时光的重要性。

我们突然意识到,正是这些看似微不足道的时刻构成了生活的真谛。这些快乐的瞬间非常重要,因为它们将我们与自然的生活紧密相连,而不是让我们与真正的生活脱节。

思想改变我们的现实

如果持续进行观察,我们会发现正念练习不仅能改变我们身体的生化指标,还能改变我们大脑的结构。

马修·理查德被誉为"地球上最幸福的人",他是一位拥有生物学博士学位的僧侣。他的大脑中控制情绪反应的中心——杏仁核,比其他人小得多,这使得他能够在磁共振成像扫描仪的扫描下保持数小时的静坐。

有一次,在完成几轮扫描后,他透露自己在被扫描的同时,实际上进行了三次长时间的冥想。他将这种体验形容为一次相当不错的静修。他萎缩的杏仁核还帮助他在充满噪声的环境中依然保持不眨眼。尽管被称为"冷静先生",但他在过马路前依然会小心观察,确保安全。

记住,当你喝水时就只喝水,当你走路时就只走路。

增强感恩

随着正念意识的不断增强,我们也会在潜意识中增强感恩和慈悲之心。这一点已经通过对大脑功能的磁共振成像研究得到了证实。

当我们开始认识到自己的内在天赋时,感激之情便油然而生;当我们以一种互利共赢的态度与他人重新建立联系时,慈悲之心便随之萌发。我们开始专注于积极的思想和视角,暂时放下那些由恐惧和焦虑所驱动的思维模式。实际上,我们的一举一动都可以成为日常的冥想,成为放慢脚步、欣赏生活的过程。它是如此简单,以至于费劲儿钻研它会显得有些尴尬。

我们只需回想一下童年时光,那时我们凝视天空,观察云朵如何飘动。我们什么也不做,没有任务等待完成,没有时间的束缚,也没有浪费时间的负罪感。时间的概念和对时间的焦虑是我们随着成长才逐渐意识到的。通过正念,我们有机会回归到那种纯真无邪的状态,重新发现生活中简单而纯粹的快乐。

加入我们

通过这本小书,我诚挚地邀请你加入我的行列,重新体验有意识地活着的感觉,感受生命中每一刻的珍贵。我想提醒你,去细细品尝一颗草莓的甜美,去深嗅薰衣草的香气,去温柔地抚摸我们所爱的人,并与他们共享真挚的感受,深切地与他们联结。这一切都意义非凡。

当然,生活本身包含着美好与挑战两面,正念也会让我们对生活中不那么愉快的方面变得更加敏感。这同样是一种优势。正念能够帮助我们避免食用变质的食物,避免与伤害自己的人相处,或者停止从事那些有害身心的工作。

如果我们能够每天抽出几分钟时间,停止那些不利的行为,那么我们将获得丰富的生活体验,这有助于我们的身心健康,让我们保持最佳状态。

本书中的每一章都为你提供了一种正念练习,这些练习大部分只需要5~10分钟就能完成。你可以根据自己的意愿,以任何顺序进行尝试。当然,如果你愿意,也可以投入更长的时间去练习。

无论你选择怎么做,都是很好的。

冥想的姿势技巧

- 对于某些练习,建议你坐在椅子上。我推荐你选择一把能够支撑脊椎且舒适的直背椅。穿着宽松的衣服会更合适,你可能还需要一条披肩或毯子,以防在冥想过程中感到冷。通常在冥想时,我们会变得更加放松,体温可能会略微下降,就像准备入睡时那样。

- 坐姿要端正——既不要像士兵那样过分僵硬,又不要无精打采地瘫坐。这种坐姿有助于你集中注意力,留意任何出现的感觉,如温度、声音或你的呼吸,并将这些感觉作为意识的锚点,避免你的思绪游离,陷入焦虑之中。

- 每当准备进行书中的任何练习时,都请花些时间进行"自我确认"。无论何时何地,只要你觉得进行练习的时机适宜,就继续。听从自己内心的声音,选择最适合自己的方式。

- 如果你的身体无法做到某些动作或姿势,就舒适地坐着,在脑海中想象这些动作。请不要强迫自己做任何可能导致疼痛的事情。记住,少即是多。正念的实践不在于动作的难度,而在于你对当下体验的觉察和接受。

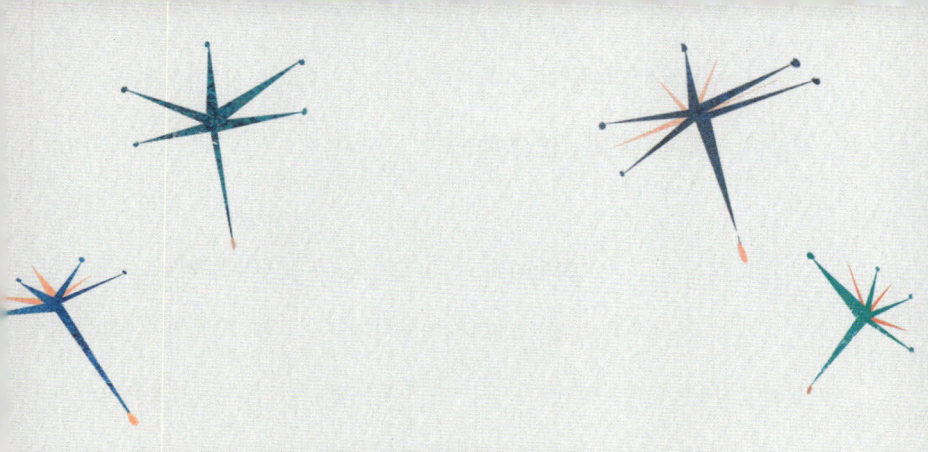

关注当下

关注生活中当下的时刻,不带任何评判和忧虑地重新看待一切,能让我们体验生活,而非仅仅"熬过"生活。

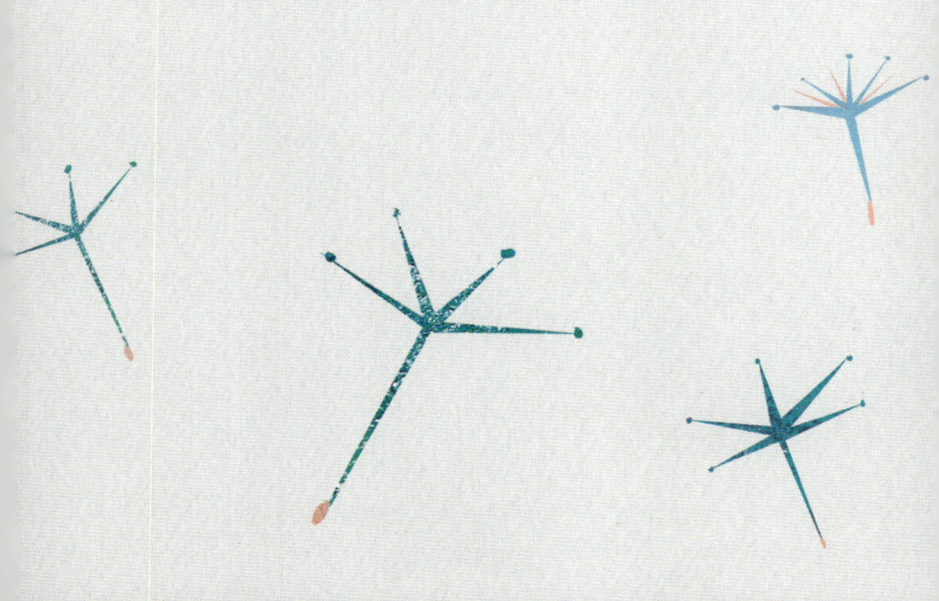

5分钟练习

环顾四周，延年益寿

在这个练习中，我邀请你将生活中的一个新方面作为关注的焦点。你可以真的去观察树上一片特定的叶子，或者一块石头、一朵花、一株植物。你也可以去琢磨一下你喜欢的一件家具或装饰品，比如它是如何做成的、有多少人参与了对它的创作。

最近的一项研究表明，像这样的正念练习不仅可能引起大脑结构的变化，还能延长我们的寿命。

到目前为止，研究结果支持的正念练习给我们带来的变化包括心理和认知方面，如感知力和幸福感的提升。同时，研究也显示，正念练习可能通过保护位于我们染色体末端的端粒来帮助人们延缓衰老的过程。

带着冒险和好奇的感觉，
我们能够一点一点地学习和体验更多。

5分钟练习
唤醒你的呼吸

这个重要的练习有助于我们更充分地呼吸,还能使我们变得强壮、清醒,让我们满怀自信和平静地去迎接新的一天。

如果你愿意,你可以坐在椅子上或地板上进行练习。

1. 山式站立，让脊柱向上伸展，双腿岔开，双脚与髋同宽。手臂置于身体两侧，手掌向前，拇指朝外。
2. 吸气时，慢慢地将手臂向上抬起并越过头顶，直到双手在头顶上方相触，手掌相贴。呼气时，慢慢地将手臂放回身体两侧，缓慢呼吸，动作也放缓。看看你能否加深并拉长呼吸，试着感受每次呼吸后的停顿。
3. 重复5~8次。

5分钟练习
专注聆听

在这个练习中,你将与声音建立一种特殊的联系,让你能够以一种孩童般的好奇心,不带任何评判地真正体验当下以及许多其他时刻的声音。

建议你一开始花费5分钟尝试这个练习,如果感觉合适,你可以根据自己的意愿延长静坐的时间。

在家中或花园里找一个安静且特别的地方,开始你的聆听之旅。

在这个静谧的空间里,让声音成为你意识的焦点,感受它们在你周围的流动和变化。

1. 请找一个舒适的位置坐下。现在,轻轻地闭上眼睛,或者让眼睛柔和地保持半闭状态。
2. 让声音自然地流入你的意识,让它们像天空中飘过的云彩那样自然地来去。不要给这些声音贴上标签,比如"这是一辆车的声音"或"那是一只鸟的鸣叫"——因为一旦我们开始贴标签,就容易陷入故事编织中,这会激发我们的左脑(逻辑思考),而非右脑(情感感受)。你所要做的,就是单纯地专注于声音本身。
3. 你可能会发现自己的听觉变得更加敏锐,而其他大脑活动似乎退到了意识的背景中。有时,你会发现思绪开始游离。这是大脑的自然反应,它有时会不由自主地忙碌起来,即使我们并不希望如此。所以,每当你意识到自己的思绪开始飘忽时,温柔地、不带评判地将你的注意力重新引导回纯粹的聆听上。这个简单的动作,就是你的定海神针。

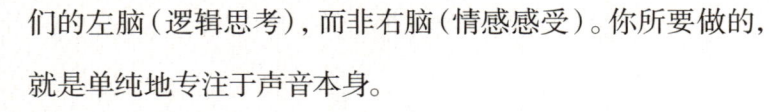

4. 几分钟后,你可能会感觉时间仿佛失去了意义;你的呼吸可能也会变得更加缓慢和深沉。即使你感觉"什么都没有发生",觉得自己只是坐在这里,那也是完全没问题的。每次练习的体验都是独特的,每个人都是不同的。在正念的实践中,没有所谓的对或错。

5分钟练习

海星站姿

这个姿势会给你一种居中的感觉,你会感到能量和自信从肚脐附近和脊柱散发到你的手臂和指尖。它能强化你腿部、背部、肩部和手臂的力量。

1. 山式站立，双臂垂于身体两侧，手指向下。
2. 用先脚尖后脚跟的移动方式分开双脚，直到两脚间距约50厘米且两脚平行。向内、向上收缩盆底肌，向上拉长脊柱。呼吸并保持这个姿势，直到你感觉稳定。
3. 吸气时，将双臂抬起与肩平齐，手掌朝向地面。继续从骨盆向上拉长脊柱，并将坐骨向内收拢（提升盆底肌）以拉下尾骨。向两侧伸展双臂和指尖，同时放松肩部。
4. 保持这个姿势3~5次呼吸的时间。

5分钟练习

感受大地:山式站立

　　这个简单的瑜伽姿势或许能助你如山峰般强壮。与大地相连的感觉会让你的身心集中于当下。

　　它还能增强你的腿部力量,改善你的体态。你可以想象一座山,并感觉自己像山一样强壮和稳固。

1. 站立时，双脚与髋同宽，手臂自然下垂，手掌向内轻轻贴在大腿上。

2. 进行几次深呼吸，感受自己的呼吸节奏。在呼气时，收紧盆底肌并轻轻向上提起，直到你在臀部的下方感受到一种挤压感，仿佛坐骨正在相互靠近。这个动作有助于从下方支撑你的脊柱。保持呼吸均匀。在下一次呼气时，将整个腹部向脊柱方向收紧，同时努力拉长脊柱。

3. 保持挺拔站姿，脊柱直立，头部昂起。深深地、充分地吸气，让空气充满肺部，吸气时，在胸部区域营造出一种扩张的空间感。呼气时，将肩膀向上—向后—向下自然舒展，释放上背部的紧张感。

4. 每次吸气时，感受整个脊柱向上伸展；每次呼气时，轻轻地将肚脐向脊柱方向收紧，感受你腹部的肌肉为下背部提供的支撑。这种练习有助于调整你的体态和呼吸的协调性。

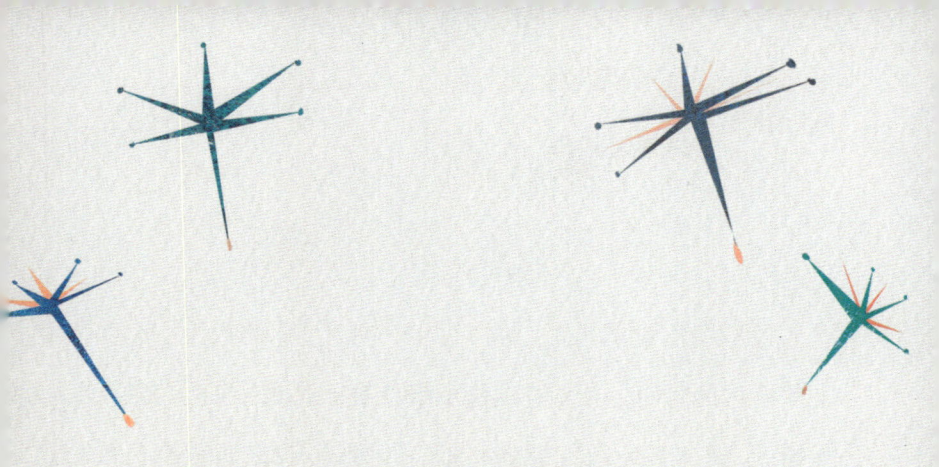

接纳并回应

简单的正念练习能让身心一起参与其中,帮助你放下负担,慢慢地让你回归平静。

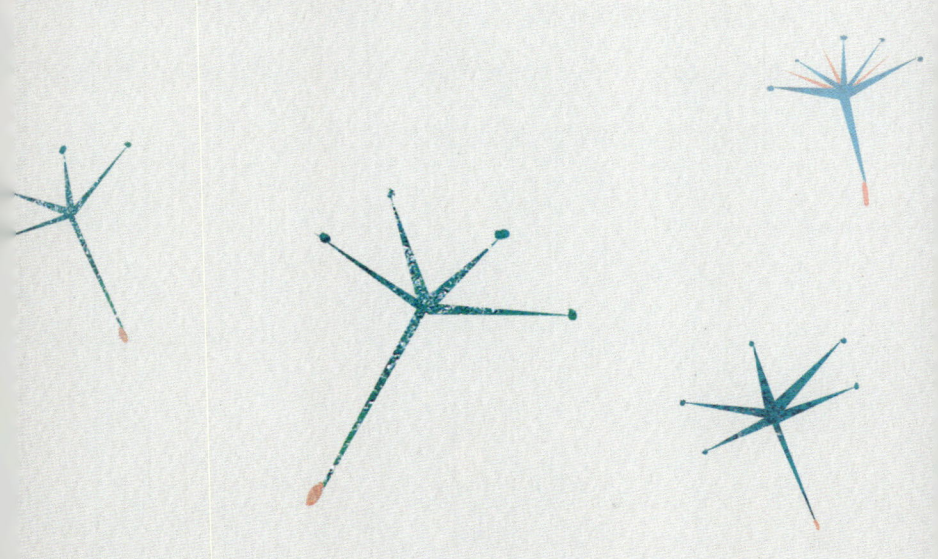

10分钟练习
与呼吸相伴

找一个安静的地方。你可以坐在椅子上、地板上,或者靠墙支撑着你的脊背。用披肩或毯子裹住自己保暖。你也许想要点一支蜡烛。呼吸练习可能就像驯服一匹野马,我们的愿望是以友善的方式驯服它,同时不磨灭它的精神。

1. 专注于身体与地面或椅子接触的感觉。细致地探索这些触感,单纯地"感受"自己的身体,任由它自然地呼吸。

2. 将注意力转向胸部和腹部,感受它们随着吸气轻柔地隆起,随着呼气缓缓地平复。

3. 持续关注每一次呼吸。你可能会注意到呼吸之间有一个短暂的停顿,每一次呼吸都似乎拥有自己的生命力。

4. 你的思绪可能会游离——思考、做白日梦、规划或回忆,从而暂时与呼吸失去联系,这是完全正常的。只需留意是什么让你分心,然后轻柔地将注意力重新引导回腹部和呼吸上。

5. 意识到自己的思绪游离并将其带回到呼吸上,这一过程本身就是正念的体现。只有保持正念的人才会意识到思绪的游离。

6. 当练习结束时,你可以想象自己轻轻地吹灭一支蜡烛,象征着练习的圆满结束。

　　试着在一天中的不同时间关注呼吸,探索一下哪些时间可能更适合你做这个练习。

5分钟练习
获得平静

在"放松"的过程中,弯腰向下拉伸能伸展肌肉并有助于释放紧张情绪。它能增强脊柱的灵活性,伸展背部肌肉,锻炼腹肌并拉伸腿筋。

终于感到平静了。

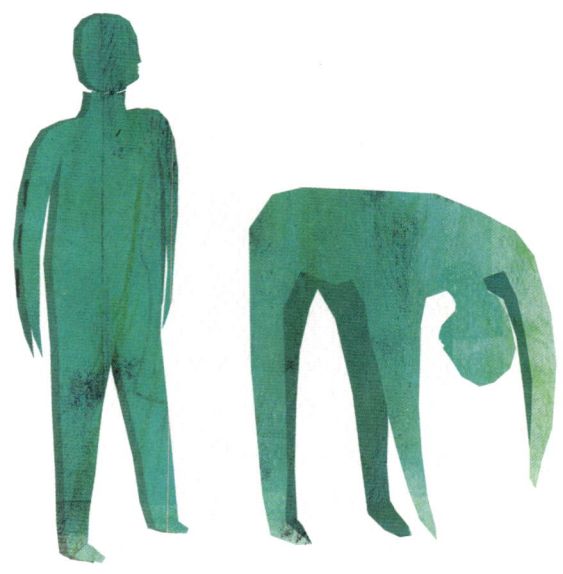

1. 山式站立,双臂自然下垂于身体两侧。
2. 脊柱伸展,深呼吸,下巴轻触胸部,身体向前弯曲,进行滚动式拉伸。双手沿大腿滑下,控制动作。在舒适范围内尽量向下,膝盖可适度弯曲,腹部轻微收紧。
3. 保持几次深呼吸,然后缓缓回正。呼气时,坐骨并拢,腹部收紧,随着吸气和呼气的深入,逐节伸直脊柱,头部自然下垂,手臂支撑腿部。最后,抬头,肩膀向后向下转动,站直,保持身体稳定。

如果你患有与椎间盘相关的疾病,
请不要做这个练习!

10分钟练习

与愤怒"对话",然后放下它

找一个安静的地方,舒服地坐下。如果愿意的话,可以裹上一条毯子保暖,再点上一支蜡烛。

1. 感受双脚踏实地踩在地面上,如同扎根大地,臀部和下背部稳固支撑,双手轻放于腿上。让面部肌肉松弛,释放紧张感。

2. 留意呼吸的自然流动,让身体在呼吸中自由律动。静坐,感受每一次吸气的清新,观察呼气的释放。

3. 当你准备好时,可以尝试在心里发泄你的愤怒。发泄愤怒可能表现为言语或感觉,它可能带有色彩、形态或某种模糊的轮廓。当你允许愤怒的情绪释放时,你可能会感觉更加烦躁,不用担心,这是正常的反应。

4. 现在,想象自己与愤怒进行"对话",轻柔地对它说:"我愿理解你。让我感受你的存在。请将你的一切交给我。我静坐于此,观察你,不做任何反应,不重蹈覆辙。"
5. 继续专注于你的呼吸,仿佛与愤怒共舞,保持呼吸的平稳性和连续性。
6. 持续这样做一会儿,体验你是如何与不适感和平共处的。记住,不适感终将消散。当你感到稍微缓解时,便可结束这个练习。

5分钟练习
做6次猫式伸展

我们的身体承载着未被解决的情绪所带来的压力。猫式伸展有助于缓解背部、脊椎、肩膀和颈部的精神与肌肉紧张,让我们恢复平静的意识状态。

为保护你的膝盖,请在其下方放置一个瑜伽垫。如果你的手腕感到吃力,试着卷起瑜伽垫的边缘并将手腕置于其上做一下支撑。

如果你有下背部问题和或颈部问题,先做小幅度的动作,然后再慢慢加大动作幅度。

1. 趴在瑜伽垫上,双手和双膝着地,让手腕在肩膀的正下方,膝盖在髋部的正下方,形成一个方框姿势。

2. 从头顶到尾骨伸展脊椎。吸气时,放松腹部,感觉腹部远离脊椎,呼气时弓背,收紧腹部,将肚脐拉向脊椎。重复3次,每次呼气时收缩腹部,让肚脐更靠近脊椎。

3. 注意，呼气时，收紧腹部，向内收尾骨，下巴向胸部靠拢，使脊椎拱成C形，就好像你正俯在一个沙滩球上。感受这个姿势，保持呼吸。
4. 吸气时反向运动，慢慢将腹部放松，让脊椎回归中位。继续吸气，抬头，同时将胸部和胸骨向前向上抬起。手臂用力支撑，肩胛骨向后向下收缩。
5. 将整套动作重复6次。

10分钟练习

鹅卵石冥想

你可以想象一块鹅卵石,或者在你身处大自然时,你可以真的拿一块鹅卵石,轻轻地将其投入水中,以这种方式来集中注意力,并与你的内心感受相联结。

1. 舒适地坐在地板或椅子上,闭上眼,想象自己静坐在一个宁静的池塘边。阳光灿烂,水面上闪烁着光芒。水面上有睡莲静静地飘浮,蓝绿相间的蜻蜓在空中翩翩起舞,或许还能听到远处青蛙的叫声。让自己沉浸在这个美景中,随心所欲地增添任何细节或声音。

2. 现在，想象自己拾起一块光滑的鹅卵石，轻轻投向水面，观察它如何缓缓沉入水中。注意此刻涌现的任何想法、情感或感觉。让鹅卵石继续下沉，探索是否有新的感觉、画面随之变化。
3. 想象鹅卵石最终沉到池塘底部，静静地躺在那里。在这一刻，你感受到了什么？你的内心深处是否有任何信息需要被聆听或关注？
4. 再静静地停留片刻，专注于呼吸，一次接着一次全心体验当下的宁静时刻。

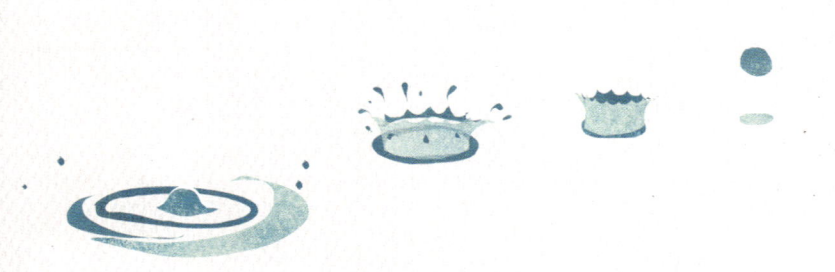

客栈

人生如同客栈,每天清晨都会有新的旅客光临。

喜悦、沮丧、卑鄙,这些不速之客随时都有可能登门。

欢迎并且礼遇它们!即使它们会带来许多痛苦,即使它们会横扫你的房间,搬光你的家具,让你一无所有。

你仍然要善待它们。因为它们或许只是在帮助你净化空间,以迎接新的喜悦。

不管来客是阴暗的想法,还是羞愧感或怨恨,你都要站在门口,笑脸相迎。

对任何来客都要心存感激,因为它们都是来自远方的向导。

——科尔曼·巴克斯,译自哲拉鲁丁·鲁米(1207—1273年)的诗集

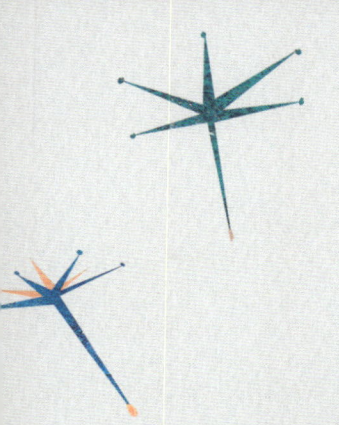

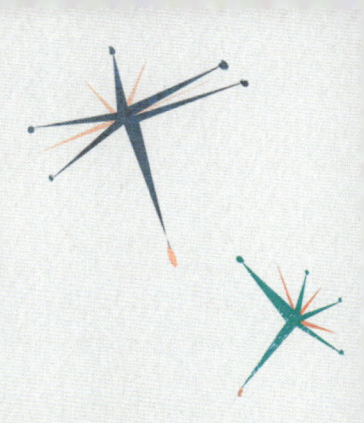

心智升级

当我们因"忙碌"而拖延并分散自己的注意力时,我们忽略了真实的事物——我们的生活。正念能帮助我们真正地活在当下,这样我们就能明智地应对挑战,并体验每一个生活中的瞬间。

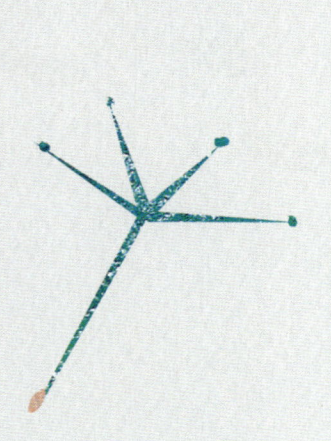

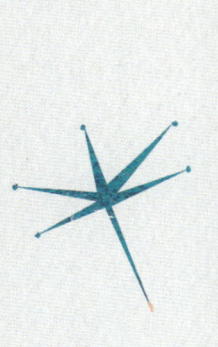

10分钟练习
正念行走

通过古老的行禅方式,体验移动的奇妙,体验无须到达任何地方的奇妙。你可以在室内或室外练习,只需找到一个安全、没有障碍物的地方,确保你不会被绊倒。比如一个私家花园,无论多小,都是理想的选择。这个练习空间的面积只要能让你朝着一个方向走大约10步就足够了。

起初,你可以练习正念行走大约10分钟,之后,如果你愿意或需要的话,可以将练习时间逐步延长到20分钟。

1. 站在行走场所的一端,双脚分开与髋同宽,将双脚稳稳地踩在地面上,感受双脚与地面接触的感觉。看着你要走过去的地方,睁大眼睛,直视前方,不要向下看。

2. 然后,非常缓慢地开始将你的右脚抬起。觉察右脚跟离开地面,身体的重量转移到左腿和左脚上。觉察你是如何极其缓慢且轻柔地将右脚跟向前移动并正好向前迈出一步将其放在地面上的。当你放下右脚时,你会留意到左脚跟开始离开地面,身体的重量又转移到右腿和右脚上。

3. 你可能会注意到你走起路来有点摇摇晃晃，因为你把步伐放慢了很多。想象在地面上留下真实的脚印，可能会对你保持平衡有所帮助，比如想象你在沙滩上行走。你的注意力将完全集中在走每一步时脚的抬起、重心转移和脚的放下上面，用心觉察你的重心如何从左到右再从右到左来回切换。

4. 当你朝一个方向走了大约10步后，慢慢转身。留意你的髋部如何逐步缓慢地转动，在开始下一组步伐之前，再次感受你稳稳地站在地面上。

5. 每走一段路，你都有可能感觉越来越脚踏实地和安全，尽管每个人的体验各不相同。试着以一种开放和好奇的态度去做，就像孩子那样。身体确切地知道该怎么做，这难道不是很神奇吗？

5分钟练习
试试10步行走法

汤姆喜欢在办公室里轻步走动。他每次行走大约10步,这简短的路程却充满意义。在办公室的一端,一扇美丽的窗户展现着繁茂的绿意;另一端挂着他钟爱的城市风景海报。如果在这段行走中,他意识到这两幅画面,这便是他正念行走时分心的信号。这两幅画面提醒他重新聚焦。每走一步,他都在心中默念:"抬起、移动、放下"。随着脚跟抬起,脚步前移,然后轻柔放下,他的注意力完全集中在脚下的感觉上。这简单的口令帮助他集中精神,释放了日常生活中的不安与压力。

5分钟练习

你感觉如何?检查你的呼吸

呼吸就是生命能量。当我们限制呼吸时,我们就是在削弱生命能量。人在感到烦躁和优柔寡断时通常伴随着浅呼吸。你可以试试用这个技巧来改善你的呼吸。

通过观察自己的呼吸,你会发现你可以对自己的感觉产生很大的影响。

深呼吸会扩张肺部，然后直接向你的心脏传递信息，这反过来又会使心跳变慢。

1. 花点时间与你的呼吸建立亲密的联系——去"友好地了解"它。探索它是浅的还是深的，是慢的还是快的，是平稳的还是急促的，是规律的还是不规律的。你是否发现自己倾向于用力呼气或憋气？带着这份好奇心去观察你的呼吸，你将很好地洞察自己当下的状态。

2. 从这个基准出发，你能够留意到任何差异。如果你持续观察你的呼吸，你就能够体验到一个更有活力的自我，并重获快乐和对生活的热情。

5～10分钟练习
温和地开胸

这个练习会非常柔和、体贴地帮助你扭转那种常与情绪低落相伴的蜷缩姿势(胎儿姿势)。

1. 在毯子或瑜伽垫上放一条卷起的浴巾。坐在毯子或瑜伽垫的一端,利用手臂支撑身体慢慢躺下,让整个脊椎从头到尾舒适地依靠在卷起的浴巾上。

2. 双臂自然地放在身体两侧，或者伸展成T字形。双腿可以弯曲或伸直，如有需要，可用卷起的毯子或瑜伽垫支撑腿部。放松双腿，让它们自然地分开。如果需要，可以在头部下方放置一个枕头以提供额外支撑。

3. 现在，随着胸部的舒展深呼吸，集中注意力保持这个姿势5~15分钟。

4. 结束练习时，向侧面转身并将浴巾移开。重新仰卧，感受背部和胸部的放松。此时，你可能会发现你的胸部感觉更加开阔和舒适。

5分钟练习
抱膝仰卧

这是一种释放焦虑的绝妙方式,保持这个动作的控制感和包容感可以提高专注力。

保持住这个姿势,控制自己平稳地呼吸,营造一种踏实的感觉。

1. 以放松、舒适的姿势开始,仰卧在瑜伽垫或毯子上。如果需要,可以使用枕头或卷起来的毛巾支撑颈部。
2. 双腿依次弯曲抱向胸部,轻轻地抱住即可,不要用力拉向胸部。感受每节脊椎压向地面,保持脊柱伸展,避免耸肩。如果抱住小腿有困难,可以抱住膝盖后侧。觉察你的呼吸。保持这个姿势一段时间。
3. 当你准备结束时,轻轻地松开膝盖,让身体放松地平躺在地板上。

一个邀请

当焦虑萦绕于你的光明、你的阴暗以及你的所有行动之上时,请不要过于惧怕它。我想提醒你,生活并没有遗忘你。它正牵着你的手,不会让你跌倒。你何不敞开胸怀迎接生活中的所有不安或沮丧?毕竟,即使你现在不知道这一切将通向何方,这些经历也会带给你一直所期望的改变。

——选自赖内·马利亚·里尔克《给青年诗人的信》

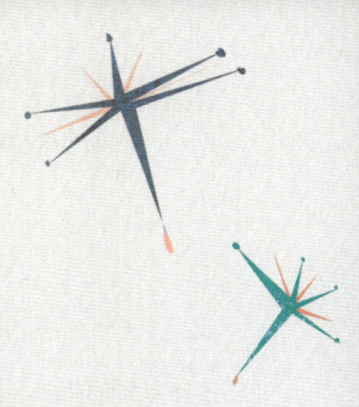

简单地存在

进入一种"存在"而非"行动"的状态,可以让我们从"忧虑的思维"中解放出来,如其所是地品味当下的每一刻。带着这份平静的心态,我们才能学会接受事物的本真面貌。

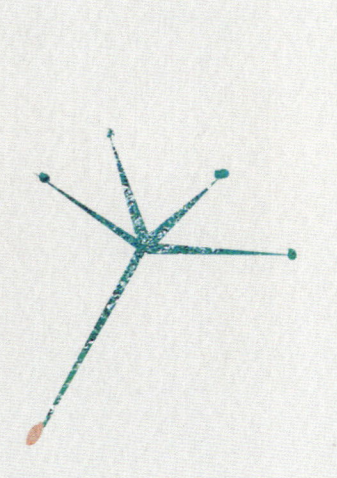

10分钟练习
通过身体扫描体验存在

通过这种练习,我们在自己的身体中"游走",去理解它试图向我们传达的信息,并与这个我们常常认为不够完美的身体建立一种健康的关系。

这是我们所居住的"房子",所以学会接受它,将有助于我们好好利用它。

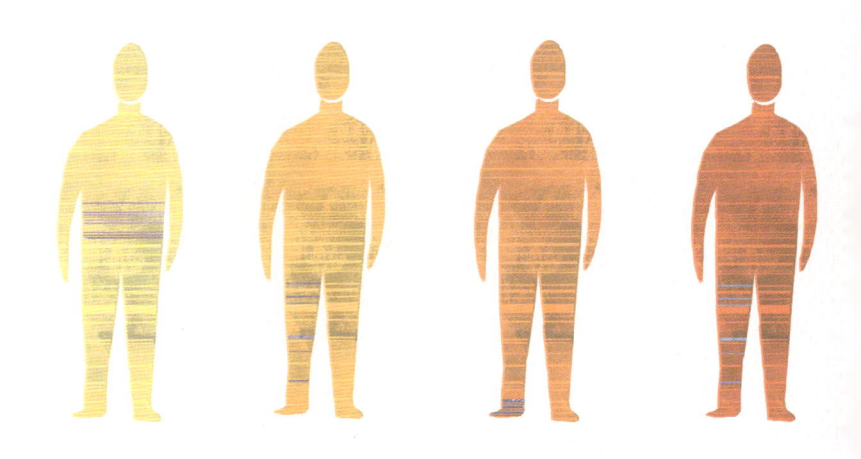

1. 让自己处于一个舒适的状态。仰卧在地板或床上，可以在身下铺一个瑜伽垫，将温暖的毯子盖在身上，然后轻轻地闭上双眼。

2. 花点时间来感受你的呼吸和身体的感觉。当你准备好时，将注意力完全转向身体的感觉，尤其是触觉，即身体与地板或床接触的感觉。每次呼气时，都让自己放松、放下，在地板或瑜伽垫上"陷"得更深。

3. 现在，将你的注意力转向下腹部的感觉，感受呼吸引起的变化。将手放在腹部，真切地感受每一次呼吸，留意有些呼吸可能更深，有些可能更浅，而且每次吸气和呼气之间往往会有一个小小的停顿。

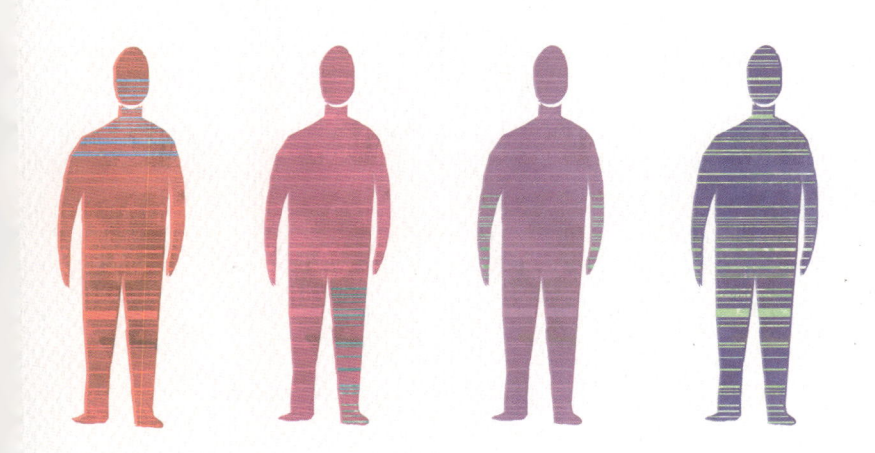

4. 轻轻地将注意力沿着左腿向下，转移到左脚。专注地觉察左脚的每一个脚趾——大脚趾、小脚趾以及其他脚趾，然后是脚底。接着继续将你的注意力向上移动到左腿，从小腿、胫骨到膝盖、大腿。

5. 当你准备好时，吸气，想象气息进入鼻孔、肺部，接着向下进入腹部、左腿和左脚。然后，呼气，想象气息一路返回，从左脚进入左腿，向上穿过腹部和胸部，最后从鼻子呼出。每次呼气时，都要释放紧张或不适的感觉。尽你所能，持续几次这样的呼吸。

6. 继续温和地将觉察和好奇心依次带到身体其他部位的感觉上。当你感受每个部位时，要注意在吸气时"进入"它，呼气时"放下"它。

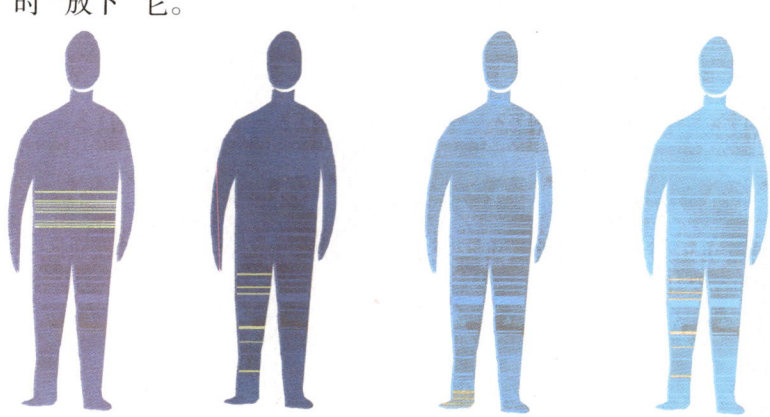

7. 当你察觉到身体的某一特定部位有任何紧张感或其他强烈的感觉时,就"向那里呼吸",并且尽可能地在呼气时让自己有一种放松或释放的感觉。
8. 以这种方式"扫描"完整个身体之后,你可以再花几分钟去觉察整个身体的状态以及气息在体内的自由进出。

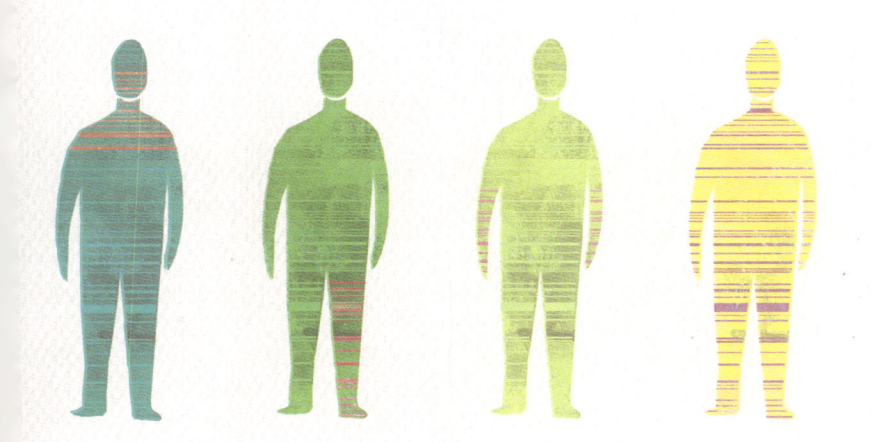

10分钟练习

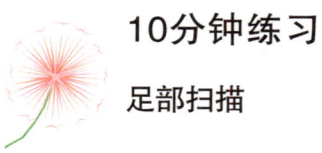

足部扫描

在这个练习中,我们试图尽可能脱离我们的"思维"模式,即围绕"攻击"的反刍性思绪,然后努力进入"感知"模式——与我们的内在空间建立联系。

闭上双眼或让双眼保持放松的半闭状态,坐姿或站姿都可以。不要看你的脚,而是尝试将你的觉察带到脚上。

1. 先将你的觉察带到左脚。用你的觉知真切地去感受它,带着善意慢慢地引导自己逐步感知脚的各个部分。你可以这样说:"我正在觉察我的左脚,包括我的大脚趾、小脚趾以及其他脚趾甚至脚趾缝,我正在感受它们……"或者这样:"现在我正在觉察我的脚尖和脚指甲,然后到脚跟、脚背、脚掌前部,最后是整个脚底"。
2. 以这种专注的方式,引导你的意识在脚上花几分钟时间来扫描,会让你远离那些令你愤怒或消极的念头。为你继续通过正念行走(见第38~40页)、声音冥想或正念散步来进一步获得内心的平静做好准备。

5分钟练习

桌式练习——适用于身体不舒服的时候

你可以在床上进行这项简单的呼吸和动作协调练习,它可以帮助你慢慢恢复精力。

当你起床时,你可以有意识地进行一些简单的正念任务,比如正念上洗手间、正念穿衣、正念泡茶等。

1. 仰卧,双腿伸直,让自己完全平静下来。

2. 吸气时,像花朵向太阳绽放一样张开脚趾。呼气时,像花朵闭合一样蜷缩脚趾。(如果你容易抽筋,那么闭合动作要非常轻柔。)

3. 随着你的每一次吸气,轻柔地让脚趾向远处伸展;呼气时,放松双脚,让脚趾自然弯曲。

4. 向各个方向轻轻旋转脚踝。

5. 将一条腿抬起,膝盖弯曲呈90度——这个姿势被称为桌式姿势。吸气时,将腿向天花板伸展;呼气时,将腿收回到桌式姿势。重复6~9次后换另一侧。

6. 膝盖弯曲，脚掌平放在床上，双脚与臀部同宽，将双脚轮流拉近臀部。吸气时，将膝盖向外侧打开；呼气时，将膝盖拉回。

7. 双臂向上伸展成"V"字形或"T"字形。呼气时，将双膝向右侧放下，带动臀部、骨盆、下背部和脊椎随之转动，头部在中央保持放松或轻微向左转；吸气时，维持这个姿势。开始下次呼气时，将膝盖、臀部、骨盆、下背部和脊椎恢复到起始位置。在另一侧重复刚才的动作。

8. 注意动作要保持轻柔，确保在整个练习过程中感觉舒适。

5分钟练习

与"失去"相伴

我们如何与痛苦、恐惧和失意建立明智的关系呢?这没有简单的答案。我能与你分享的是尝试与"现状"共处。不要试图去改变它,也不要希望它消失或"快进"。

这或许是最基本的正念练习,但对于一个追求"速效解决"的社会来说,这也是最具挑战性的。

1. 舒适地坐下。感受双脚稳稳地踩在地板上，背挺直，双手放在膝盖上。
2. 专注于呼吸。让每次吸入的空气充分进入身体并保持完整的时长——不要勉强，只需让身体自行呼吸。吸气—自然停顿，之后的呼气也持续完整时长，直到呼吸自然结束。
3. 练习，直到感觉自己足够平静。
4. 专注于你的"失去"——可能是健康、一段友谊或伙伴关系，或者亲近之人离世等。轻轻地对自己说："无论它是什么（在此，由你口头或在脑海中描绘出这个'失去'），让我感受它。从一个非常简单的短语或画面开始，将这个"失去"保持在你的意识之中，与它共处，感受它，看见它，面对它，即使很痛苦，也不要假装它不存在。

　　你可能只能坚持一两分钟。

　　练习结束后就放下这个想法或画面，回归到正常的自然呼吸。

接纳现状

以正念的方式对待疾病意味着首先要接纳现状。

佛陀曾向他的访客讲述"两支箭"的故事：

生活常常向你射出一箭，使你受伤。然而，你不愿接纳已经发生的事情，一直为此担忧，说这不公平并一直琢磨痛苦会持续多久。这就相当于你自己又向开裂的伤口射出了第二支箭，这会加剧并延长痛苦。

痛苦往往是既定的，但是否受苦是可以自己选择的。

正念饮食

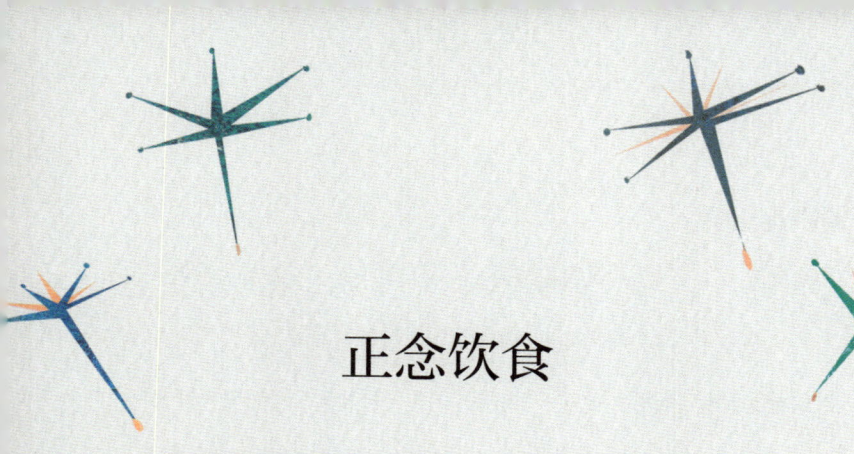

通过真正留意我们的饮食，我们能够培养对所拥有食物的感恩之心。当我们不再需要依赖暴饮暴食来解决我们面临的问题时，我们会开始拥有一种真正的幸福感与平和感。

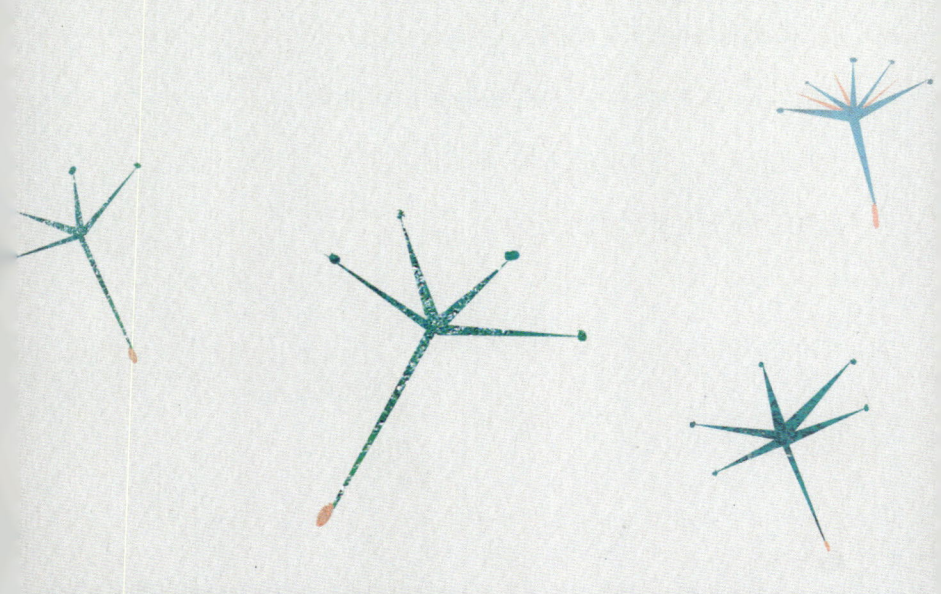

愉快地进食

通常，我们会因为在体内流动的压力荷尔蒙而暴饮暴食。当我们经历了"战斗—逃跑"时，身体会认为自己处于危险之中，需要为可能必须执行的额外任务提供额外的燃料。为了获得这种额外的燃料，我们会渴望吃糖或碳水化合物，因为它们可以很容易地转化为能量。

你意识到了吗？在压力巨大时，很自然地，你可能不会有吃黄瓜或胡萝卜的冲动。这可能令人惊讶，但身体无法区分实际的危险和它感知到的危险——甚至观看一部恐怖电影也可能触发应激反应。身体仅仅是在本能地重复经过70万年进化所形成的行为。

另一个促使我们吃得更多,但不一定吃的是健康食物的因素是孤独感。进食在某种程度上等于安全感。虽然饮食失调的原因不在我们当前讨论的范围内,但我还是想邀请你探索是否能在日常生活中重新引入愉悦的、用心感知的饮食方式。要真正地品味食物,你或许可以尝试使用小盘子和小叉子来进餐,使用吸管喝饮料也可能帮助你感觉更平静。

在野外,如果有狮子在潜行觅食,那么瞪羚绝不会吃草。

5分钟练习

吃葡萄干练习

这个正念进食练习将帮助你重新体验进食带来的愉悦。你可以食用几颗葡萄干,或者你可能更喜欢用小块巧克力、几颗坚果或其他小零食作为替代品。请确保在每一步之后都暂停一下。

1. 将注意力集中在葡萄干上，设想自己是一个初次见到它的人。
2. 将它置于掌中，感受它在你手中的存在。
3. 观察它在大小、颜色、形状、重量和质地上的特点。
4. 继续仔细端详，注意葡萄干的褶皱和表面特征。
5. 拿起一颗葡萄干，探索它的质地，你或许可以轻轻挤压或拉扯它，感受它的弹性。
6. 观察光线如何映照在它上面，欣赏光影的变化。
7. 让你的视觉充分享受这眼前的美食，沉浸在观察中。
8. 如果你发现自己在想"我为什么要这样做"或者"这也太傻了"，请将这些想法视为随机升起的杂念，然后温和地将注意力重新引回观察上，不带任何评判。
9. 现在，闻一闻葡萄干的香气，将一颗葡萄干放在鼻下，随着每次吸气，留意它散发的香气。

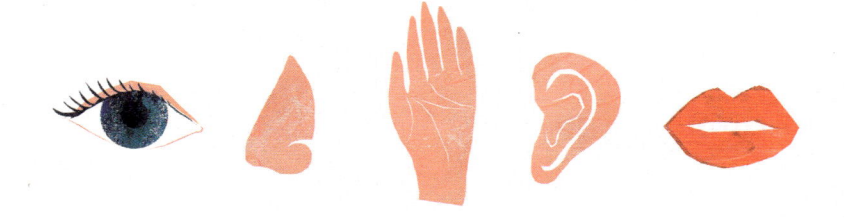

10. 拿一颗葡萄干放到你的耳朵旁边，挤压和揉搓它，聆听是否有任何声响，让自己感受这种惊喜。

11. 现在再看一下这个葡萄干，然后让它轻轻地触碰你的嘴唇表面。这种触感与你用拇指和其他手指夹住它时的感觉有任何不同吗？

12. 慢慢地把这个食物移向你的嘴边，感受你的手臂毫不费力地抬到正确的位置，也许你还能感觉到你在分泌口水。

13. 轻轻地把食物放进嘴里，不要咬它。注意它是如何"被接收"的，你的身体如此确切地知道该怎么做，探索把它放在嘴里的感觉。

14. 当你准备好的时候，非常有意识地咬一口这颗葡萄干，注意它释放出来的味道。

15. 慢慢地咀嚼，注意你嘴里的唾液和葡萄干质地的变化。观察任何可能对你来说全新的东西。

16. 然后，当你觉得准备好了时，咽下这团果肉，看看你是否能首先察觉到自己吞咽的意图，这样，吞咽过程会更加被有意识地体验。
17. 最后，看看你是否能感知到吞咽的全过程，感觉到葡萄干向下移动到你的胃里，同时意识到你的身体里现在正好多了一颗葡萄干。你的嘴里还在品尝着什么？你的舌头现在在做什么？
18. 感受一下自己有没有想吃第二颗葡萄干的欲望？
19. 带着孩童般的好奇心和兴趣沉浸其中吧。

经过这种日常练习，你可能会感到更平静、更安定。想象一下，你是否可以以这样的方式吃一顿饭——不用每顿饭都如此，选取一天中的一顿饭这么吃即可。你也可以试着以这种方式吃一个苹果或喝一杯你最喜欢的饮料。

食物不仅应该被身体品尝，
还应该被心灵品味。

5分钟练习

让泡茶成为一种仪式

20世纪的维也纳作家彼得·阿尔滕贝格讲述了以下关于他在喝茶中收获快乐和深刻满足感的故事:

傍晚6点即将来临。我能感觉到它在逼近,即使这种感觉不像孩子们迎接平安夜那般强烈,但我还是知道这个时刻已悄悄临近。

6点整我就喝茶,在这令人苦恼的生活中,这是一种充满愉悦且从不会令人失望的享受。它让我意识到,自己手中握有能让内心平静、快乐的力量。甚至将新鲜的水倒入我那漂亮的、500毫升容量的宽口镍壶里这一动作都能让我感到快乐。我耐心地等待水沸腾,聆听着水的哨声、水的歌声。

我拥有一个圆形的又大又深的韦奇伍德牌红棕色马克杯。从中央咖啡馆买来的茶闻起来就像乡村的草地,这种茶色泽金黄,犹如新鲜的干草。即使冲泡后,它也始终保持着这份淡雅与精致,不会转变为沉闷的棕褐色。

我缓慢、用心地品味着这杯茶,它对我的神经系统有着微妙的刺激作用,仿佛为心灵注入了一股活力。随后,生活中的一切似乎都变得更加容易承受、更加轻松了。

对我来说,傍晚6点的茶歇时刻永远充满魅力,它从不会因重复而褪色。每一天,我都像前一天一样热切地期待它的到来,当我品味一杯茶时,我满怀爱意地将它融入我的身体与灵魂之中。

——出自彼得·阿尔滕贝格的《普拉特的日落》

5～10分钟练习

滋养身心——深度体验身体扫描

在第50～53页,我们介绍了平躺着双腿分开的身体扫描练习。这一次,我们选择一个更警觉的姿势,并且主要关注躯干,以便真正触及那些有助于我们感受滋养过程的身体部位。

1. 首先坐在椅子上,或者躺下,膝盖弯曲呈三角形。
2. 从头部开始,觉察你的头顶、后脑勺和前额。

3. 接着觉察你的整个面部,然后是颈部、肩部、手臂和双手、臀部、双腿和双脚。感受双脚稳稳地踩在地板上。

4. 然后将警觉带到你的躯干——后背、脊椎、胸部、腹部。留意空气如何随着呼吸进出你的身体,特别关注那些随着呼吸起伏的身体部位。

5. 最后关注你的消化器官——胃和结肠,带着意识在此停留。请记住这是接收和消化所有营养的地方,通过这个过程产生的能量正在为你的整个身体提供动力。向这些部位微笑,为它们带来关注和感激,每次吸气时,让氧气流入它们,呼气时释放任何紧张、不适的感觉,放下批判性的想法。

在此停留一会儿,觉察你的呼吸,感受平静和善意的感恩之情。

正念进食每一天

一日三餐，每一餐都是一次对专注当下和心怀感恩的"邀请"。摆脱责任的负担和评判的枷锁，面对食物时，回想一下，面前这碗美味的汤，经过多少双手、多少道工序才做成。

让自己自由地想象，从种植和收获蔬菜的农夫，到制作餐具的陶艺师，再到精心准备这顿饭的厨师。真正地去品尝这道菜，看看你能否猜出其中用了多少种食材。

即便是最朴素的一餐，只要加入一点"觉察"，就能转化为一场心灵的盛宴。

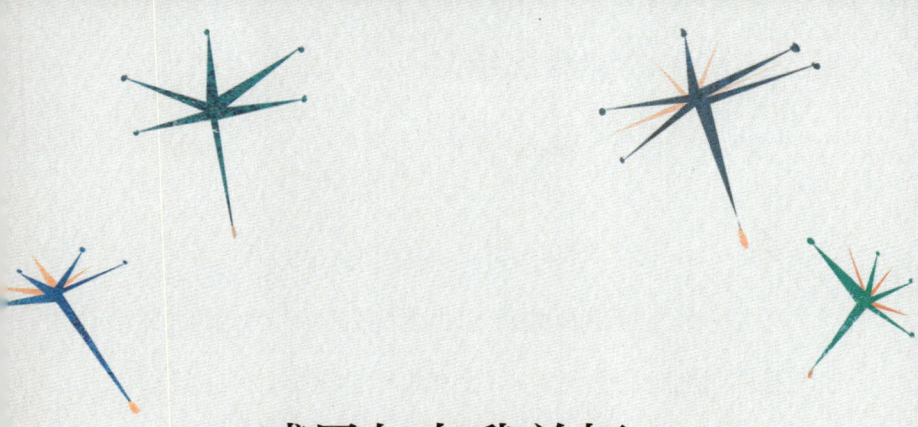

感恩与自我关怀

心怀感恩和用心地自我关怀能够治愈你并给你带来平静。当我们用心留意生活中简单的美好时,感恩之情便会油然而生。

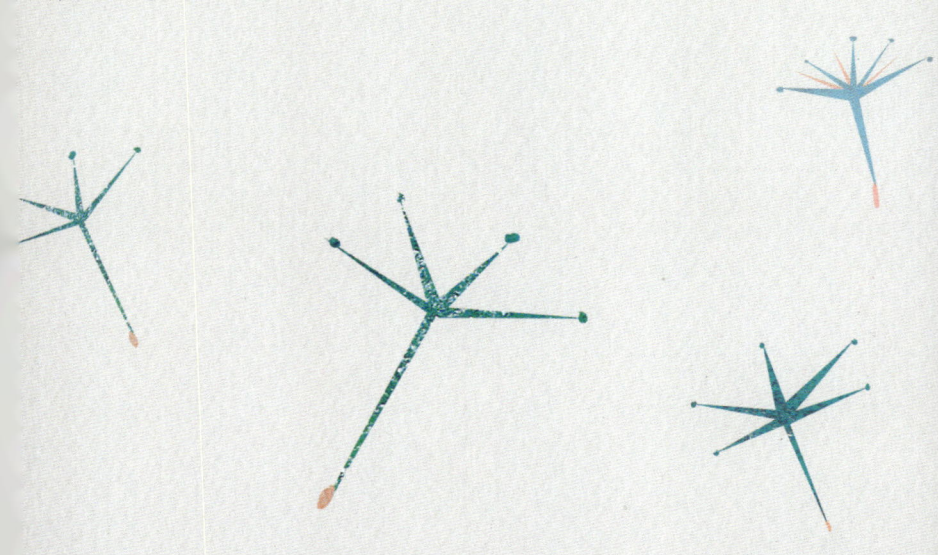

10分钟感恩练习
把它写下来

感恩和欣赏能够帮助我们的情绪转向快乐和喜悦,这会让我们的身体产生让人感到幸福、平和的化学物质。

研究表明,经常践行感恩和欣赏,包括写下让你心怀感激的经历,能够让我们的身体更健康、压力更少、生活态度更乐观。

1. 找一个安静的地方坐下来,以便在笔记本上书写和冥想。
2. 花几分钟的时间,写下所有你感激的事物(如友情、自己的优点、身体、家庭、美好回忆等)。
3. 仔细阅读你的感恩清单,对每一项都表达内心的感激。例如:"感谢我灿烂的笑容,感谢我钟爱的马克杯,感谢我上一次的假期……"在表达感激时,尽可能地调动你的五感,让感激之情更加生动。
4. 觉察当下。在这一刻,你感激的是什么?这种感激在你的身体中如何体现?你在哪里体验到它?轻柔地呼吸,带着感恩的心情,再静坐片刻。

10分钟练习：（每天一次，持续一周）
自我关怀

自我关怀与正念是互补的。当我们未能做到正念时，我们需要善待和接纳自己，同时用正念来观察自我批评的行为和想法。

1. 拿一张大纸，在上面画一个大写的字母"I"。这个大写的"I"代表完整的你，包括你的行为、身体、思想和才能等各个方面。

2. 在接下来的一周里，每当你灵感来袭时，就在这个大写的"I"周围写上小写的"i"，每个小写的"i"代表一个你的独立特质——用一种颜色的笔来记录你欣赏自己的方面，再用另一种颜色的笔记录你觉得需要提升或接纳的方面。例如，用绿色的笔标注："乐于交际""擅长烹饪""眼睛好看"；用红色的笔标注："增强耐心""提高组织能力"。这样，你就创造了一幅你自己的特质彩图。

3. 通过这种方式，我们能够宏观地看到自己是由多种行为和特征构成的，这是一种美妙的体验。没有人是彻底的失败者，也没有人是完美无缺的。

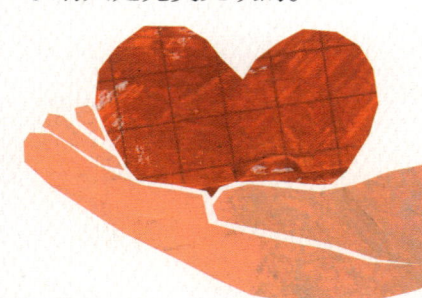

> 这就是我们人类的现状，完全接纳它，
> 是改变的第一步。

10分钟练习
慈心冥想

这里的慈心译自"Metta"这个词。通过练习慈心冥想,你可能会发现自己能够更轻松、更从容地应对各种情况。我真切地觉得,它是实现转变的一个非常有力的工具。

你可以在胸口中央、你的"情感之心"的位置想象一幅画面——呈现当下的自己,或者儿时的自己,正被充满爱意的他人支持着。

如果想象有困难,就试着想象你把自己的名字写在胸口。

慈心冥想始于一个纯粹的意图,即我们希望从内心增强自我关怀。我们可以用播种来类比,即通过冥想"照料"这颗慈爱的种子,直到它长成一朵美丽的花或一棵参天大树。

第一周的练习主要是对自己进行慈心冥想，默念：

"愿我被平安环绕，得到庇护。""愿我内心宁静。""愿我生活安逸，心怀善意。"

进入第二周，在对自己进行慈心冥想之后，我们将慈爱扩大到我们所爱和关心的人身上：

"愿你被平安环绕，得到庇护。""愿你内心宁静。""愿你生活安逸，心怀善意。"

随着一周又一周的练习，我们可以逐渐扩大这种慈爱的范围。

最终，我们将慈爱之心扩大到那些我们几乎不认识的人，甚至那些可能曾让我们感到愤怒或受伤的人身上：

"愿所有生命被平安环绕，得到庇护。""愿所有生命内心宁静。""愿所有生命生活安逸，心怀善意。"

通过这样的练习，我们能从怀有慈爱之心的纯粹意图出发，坚持练习可以极大地丰富我们的生活体验。

如果每个人都能通过这种练习去触动他人，那么这个世界无疑将变得更加安全、更加友好、更加和平。

5~10分钟练习

向身体微笑"——一个简短的静坐练习

这个"微笑"练习能使身体放松,并立刻带来平静感。

1. 找到一个安静的空间,舒适、端庄地坐着。
2. 双手并拢,拇指相触,左手手掌放在右手背上,让双手形成一个"温暖的环"。
3. 专注于你的呼吸。让每一次呼吸都自然展开,不去人为地延长,也不刻意加深或扩展。让身体自如地呼吸,你作为旁观者,见证这奇迹般的呼吸,观察它的来去自如。
4. 当你感到安定时,再继续这样呼吸几分钟,并允许脸上浮现出一抹轻柔的微笑。注意这个微笑是如何放松所有面部肌肉的,以及随着每一次呼吸,这种放松如何逐渐渗透到你身体的每一个细胞,并使它们软化。不久,你的整个身体将成为一个"温和的、轻柔的微笑"。
5. 保持这个状态片刻,让它简单地"存在",随着每一个瞬间流动。

允许任何思绪——无论好坏——像天空中的云彩一样飘过你。

当我们拥有真正的自爱时,
我们就能挖掘出自己真正的善良,
看见我们所被赋予的天赋,
然后体验到与他人分享这些天赋的快乐。

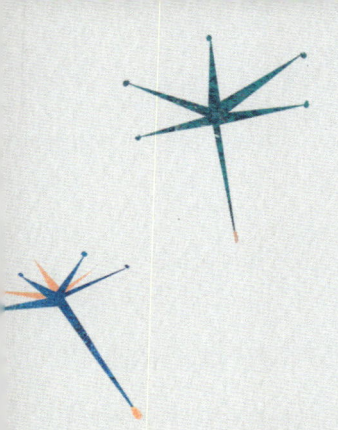

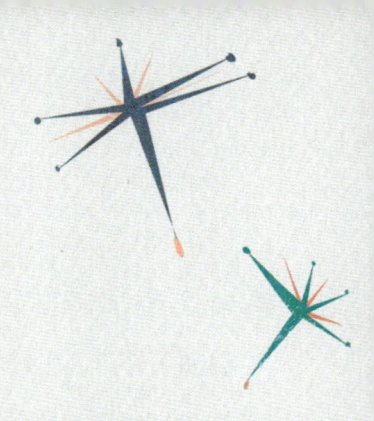

每日正念

正念是一种态度而非一种技能。每当我们觉得自己又回到了"自动驾驶"的旧模式时,只要愿意,我们都可以选择走出来重新开始,让我们的日常生活更愉快、更专注当下。

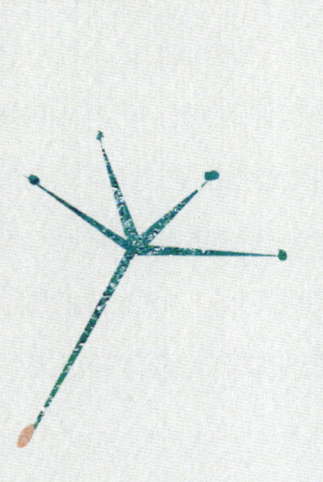

正念日

- 每天早上醒来时,你可以花一小会儿专注于自己的呼吸,带着温和的好奇心去观察它。在起床前,你或许想对着身体微笑,轻柔地将气息带入身体的每一个部位。继续进行正念淋浴,带着觉知刷牙,用心地为这一天做好准备。

- 有些人喜欢在早上冥想,有些人则喜欢在晚上甚至一天中的不同时间冥想。把这个特别的"与自己会面"的活动写进你的日记是个好主意。

- 你可以决定每天做几次呼吸练习,也许每次洗手或享用饮品时都可以,或者在吃喝时,带着感恩之情去用心做。

- 与他人交流是另一种有益的正念练习。觉察自己接电话或与人交谈时的表现。你是注意自己说话和倾听的方式,给对方留出空间,并诚实地选择措辞,还是非得争个输赢或高下?

- 若遇到无关紧要或令人沮丧的时刻,如堵车时,你就可以尝试正念呼吸,或者听音乐——真正地聆听,或者单纯观察周围的环境,真正地看见在那个特定时刻生活所呈现的面貌。

- 当一天即将结束时,你可能想要在日记中记下当天的"彩蛋":你今天享受了什么?你感激什么?你对什么感到满意?可能是像打了某个特定电话或付了一笔账单那样平凡的事情,哪怕是一个小小的举动也足够了。在关灯之前,我再次邀请你以温和的觉察力与自己的身体建立联结,进入身体,向它微笑、向它呼吸。

每日冥想

让我们安静片刻,连手指头都不要动,这样宁静就会降临在我们身上。我们无处可去,也无处而来,因为我们已经抵达了这非凡的时刻。一种寂静和安宁会充斥我们所有的感官,万物都会在其中找到安息之所。届时,一切都会在深深的联结中融为一体,终结"我们和他们""此与彼"的对立。在这短暂的时刻里,我们不会动弹,因为那会扰乱这清晰可感的存在。没有什么可说的,也没有什么可做的,因为在这场奇妙的相遇中,生活会拥抱我们,像一位友爱的朋友那样将我们揽入怀中。

——克里斯托弗·蒂特姆斯

瞬 间

不足一秒,
宇宙诞生,
我们清晰所见的星辰,
看似遥不可及,
几乎无法触碰,
但也并非全然如此。
一颗种子裂开,
一个新生命诞生,
瞬间,
就在此刻,
却转瞬即逝。

——帕特里齐亚·科拉德

安 宁

山顶之上,
树梢之间,
唯有寂静,
你几乎察觉不到一丝气息,
甚至森林中的鸟儿,
也静止不动,悄然无声,
那么等待吧,
再稍等片刻,
最终你也会寻得安宁。

——J.W.冯·歌德

把减号变成加号

一位参加了我的正念课程的客户在课程结束时告诉我,"日常正念"改变了她的生活。这体现在,她改变了对一件每天都必须做但一直很厌恶的事情的态度。

她曾研读了一些论文,这些论文表明正念对治疗皮肤病有积极的作用。作为一名长期遭受严重湿疹困扰的患者,她只能每天早晚严格地全身涂抹药膏来控制病情。

起初，她对于病情没有奇迹般地迅速好转感到些许失望。但后来她接受了，这也是一种可能——也许很快有一天她会痊愈，也许病情会随着时间慢慢好转。

她意识到自己现在能够做到的，就是在涂抹药膏的过程中保持正念，不急躁，轻轻地对每个涂抹的部位呼吸，并对治疗方案实际上控制住了病情心怀感激。这让涂抹药膏变成一种全新的仪式，充满了善意和积极的能量，而不再是之前那种令人厌恶的折磨。

你会有什么不同的举动呢？

最后的寄语

这本小书即将结束,但实际上这只是另一个篇章、另一场冒险的开始。我希望这本书能激励你珍惜当下生活的每一刻,要知道我们唯一能确定的就是一切都在不断变化。

日复一日,我愈发坚信,我们每个人都像一颗美丽的钻石,只需稍加打磨,便能光芒四射。未经雕琢的钻石往往看起来与普通石头无异,在其表面之下,却蕴藏着惊人的纯净与美丽。

祝福你!

——帕特里齐亚 · 科拉德